Bibliografische Information der Deutschen Nationalbibliothek:

Die Deutsche Bibliothek verzeichnet diese Publikation in der Deutschen National-
bibliografie; detaillierte bibliografische Daten sind im Internet über http://dnb.d-
nb.de/ abrufbar.

Impressum:

Copyright © 2017 GRIN Verlag, Open Publishing GmbH
Druck und Bindung: Books on Demand GmbH, Norderstedt Germany
ISBN: 9783668485884

Dieses Buch bei GRIN:

http://www.grin.com/de/e-book/372082/stroemungsadaptive-surfboadfinne-mit-
polstoffbewehrung

Michael Dienst

Strömungsadaptive Surfboadfinne mit Polstoffbeweh-rung

Transactions in Suffering Innovations T04 SI456

GRIN Verlag

„Transactions in suffering Innovations"

Ideen verbrennen im Park

Der Wedding ist heute wunderschön
und ich fühl` mich seltsam stark.
Was hält mich da noch im Labor?
Wir gehen zum Led Zeppelin,
der gefällt mir mehr als je zuvor,
bei ungefähr tausend Kelvin.
Komm, lass uns Patente verbrennen im Park.

Mi. Berlin 2016

Den Ausführungen sei ein Traktat vorangestellt. Die Textbeiträge zum Stand der Technik und den „Transactions in Suffering Innovations" besitzen ein dynamisches Format und sind, beginnend im November 2016, in folgender Weise geordnet und Überschrieben:

Titel:	Artefakt
Untertitel:	Transactions in Suffering Innovations T[NUMMER]SI[Mi-KENNUNG]
Datum:	Freigabe
Prolog	[Kontext]
Kerntext	[Technische Beschreibung]
Epilog	[Hintergründe und Dialoge]

Traktat

über die Beiträge zum Stand der Technik und zu den „Transactions in Suffering Innovations"

Die „Transactions in Suffering Innovations" bilden eine Sammlung von Schriften über Artefakte im Themenfeld Biologie & Technik, die in loser Reihenfolge erscheint. Es besteht durchaus die Absicht, den Stand der Technik zu verändern.

Gegenstand der Beiträge zu den Schriften der „Transactions in Suffering Innovations" sind Artefakte, Problemlösungen, Gestaltungsfragen und die kritische Auseinandersetzung mit Themen der Bionik, also Technik nach Vorbildern aus der belebten und unbelebten Natur und ihre Umsetzung. In ausgesuchten Fällen sind Technische Beschreibungen nach Standards des Deutschen Patent und Markenrechts[1] verfasst.

Mit den „Transactions in Suffering Innovations" soll der Fortschritt auf dem Gebiet der angewandten Bionik dadurch gefördert werden, dass die dargestellten notleidenden Artefakte, Problem- und Gestaltungslösungen frei von Rechten Dritter sind und mit ausdrücklicher Genehmigung dem Leser zur Nutzung verfügbar werden.

In den „Transactions in Suffering Innovations" werden ausschließlich Artefakte offeriert, die nicht unter das Arbeitnehmererfindungsgesetzes ArbErfG[2] fallen oder in der Vergangenheit fielen.

Die in den „Transactions in Suffering Innovations" dargestellten Artefakte sind insofern notleidend, da sie einerseits aus materieller Not nicht weiterverfolgt werden, ein Umstand der sich vielleicht wieder ändern mag. Andererseits sind die dargestellten Artefakte notleidend, weil sie möglichweise auftretender oder voranschreitenden geistigen Umnachtung zum Opfer zu fallen drohen; ein Umstand der sich wohl nicht mehr ändern wird.

Als Übergeordneter Absicht gilt es solche Forschung anzustoßen, die Lösungswege der Übertragung biologischer Phänomene untersucht und Fragestellungen betrifft, die im Zusammenhang stehen mit Natur und Technik.

Die Beiträge zum Stand der Technik und den „Transactions in Suffering Innovations" sind in deutscher Sprache verfasst. Dem Text wird gegebenenfalls eine teilweise oder vollständige Übersetzung in englischer Sprache beigestellt. In einer Ausgabe der Schriftensammlung wird jeweils nur ein Werk platziert. Den Ausführungen wird gegebenenfalls ein Prolog vor und ein Epilog nachgestellt.

Mi. Dienst

---

[1] https://www.dpma.de/patent/anmeldung/index.html
[2] Am 7. Februar 2002 trat die Novellierung des Arbeitnehmererfindungsgesetzes ArbErfG in Kraft.

Titel: **Strömungsadaptive Surfboadfinne mit Polstoffbewehrung**

Untertitel: Transactions in Suffering Innovations T04 SI456

11. Jan. 2017

Technische Beschreibung

Strömungsadaptive Surfboadfinne mit Polstoffbewehrung.

Die Erfindung betrifft eine Surfboardfinne, die polstoffbewehrt ist und deren Gestalt sich der beaufschlagenden Strömung selbstständig anformt. Die Belastungsadaption wird über die besondere Gestaltung eines über drei Achsen beweglichen Gelenk-getriebes erreicht.
Die Finne ist zur gestaltkompatiblen Montage an standardisierte Einbauflansche für Surfboards diverser Hersteller geeignet. Das Surfboard und die Einbauflansche (Plugs) für Surfboardfinnen sind nicht Gegenstand der Erfindung. Das Tragflügelteil der Surfboardfinne besitzt eine strömungsmechanisch wirksame und bauartbedingt, unter neutraler Strömungsbeaufschlagung eine symmetrische Profilkontur.
Die Profilkontur entsteht durch den Trimm der Polstoffbewehrung.

Stand der Technik und der Wissenschaft. Profile
Ein Strömungsprofil bezeichnet die Querschnittgeometrie von Kraft- und Arbeitstrag-flügeln in Strömungsrichtung des umgebenden Fluids. Kontur bezeichnet dabei die umhüllende Gestalt eines Strömungskörpers. Dreidimensionale Körperkonturen können eben, konvex oder konkav sein. Elastisch flexible Profilkonturen sind Stand der Technik und der Wissenschaft. Flexible Profilkonturen für Surfboardfinnen sind Stand der Technik. Elastische Finnen vom Stand der Technik verhalten sich mechanisch orthodox; dies bedeutet, dass die strukturelle Bauteilverformung der Richtung der beaufschlagenden Kraft folgt.

Stand der Technik. Leitflächen an Surfboards
Surfboardfinnen sind als Leit- und Steuertragflächen im Bereich des Hecks eines Surfboards wirksam. Für die Montage von unterschiedlichen Finnen an Surfboards sehen die marktführenden Hersteller standardisierte Einbauflansche vor.
Bei Surfboards in Fahrt und beim Manövrieren ist neben der hohen mechanischen Belastung der strömungsmechanisch wirksamen Bauteile im Bereich des Unterwasserschiffes die an Strömungswiderständen arme Funktionsweise entscheidend für die Fahrleistung. Grundsätzlich sind bei leistungsoptimierten Seefahrzeugen vom Stand der Technik und all ihren Bauteilen Robustheit, Formhaltigkeit, Funktion und Lebensdauer bei geringem Gewicht von Bedeutung.
Zum Lateralplan eines Seefahrzeugs zählen alle fluidmechanisch wirksamen Leit-flächen im Unterwasserbereich. Bei Surfboards vom Stand der Technik gehören die als Leitflächen ausgeführten Finnen am Heck zum Lateralplan. In Fahrt bilden fluidmechanisch wirksame Leitflächen im Unterwasserbereich mit symmetrischem Profil nach Stand der Technik dann einen fluiddynamisch wirksamen Tragflügel aus, wenn eine nicht axiale Anströmung gegeben ist. Dies gilt insbesondere für Surfboardfinnen mit symmetrischem Profil nach Stand der Technik.
Die aus dem hydrodynamischen Auftriebsgebaren der Surfbrettfinnen resultierende Querkraft wird beim Manövrieren genutzt. Surfbrettfinnen nach

Stand der Technik sind üblicherweise aus (symmetrisch profiliertem) Vollmaterial. Für das Flügelende der Leit- und Steuertragfläche, insbesondere den Randbogen (die Kontur des vom Surfbrettkörper abweisenden, freien Surfbrettfinnenflächenendes) sind unterschied-liche Formen bekannt.

Stand der Wissenschaft und Technik. Fasergewirke, Flor und Polstoffe. Fasergewirke werden durch Weben hergestellt. Beispiele sind Polstoffe wie Samt oder synthetischer Pelz. Die Basis des Gewirkes bildet eine Gewebematrix in der Art eines textilen Flächengebildes. Bei der Herstellung von Fasergewirken werden in die Gewebematrix Schuss- oder Kettfäden eingearbeitet. Nach Stand der Technik sind entweder Verknotungen üblich (beim Knüpfen von Teppich) oder das Einnadeln zusätzlicher Fasern, die Schlaufen bilden (bei Webpelz oder Samt). Die Schlaufen werden in einem nachfolgenden Fertigungsschritt aufgeschnitten und ergeben den charakteristischen Faserflor. In die Gewebematrix (Gewirke) kann ein zusätzliches form- und/oder stoffschlüssig gefügtes Gewebe eingebracht werden. Grundbegriffe der Textilien regelt die Deutsche Norm DIN 60 000 Teil1 [1], Grundbegriffe der Gewirke, Gestricke und Polstoffe behandelt DIN 62055 [6]. Es ist Stand der Technik und der Wissenschaft Polstoffe - der Art Fasergewirke verbunden mit Faserflor - auf technische Oberflächen, beispielsweise Tragflügel aufzubringen mit dem Ziel, die Strömungseigenschaften der Bauteile zu verbessern. Eine Gebrauchsmusteranmeldung [8] benennt die Anwendung polstoffbewehrter Kraft- und Arbeitstragflächen (siehe Gebrauchsmuster-Nr. 20 2014 003 336.6, IPC: D 04B 21/02).

Stand der Wissenschaft, Biologie, Pelz.
Aus der Beobachtung schwimmender Säugetiere ist bekannt, dass sich in Fahrt oder beim Manövrieren in Ablösegebieten der turbulenten Außenströmung Fell (Pelz) lokal und sektoral aufrichten kann. Der Stand der Wissenschaft, theoretische Unter-suchungen, Beobachtungen und Laborexperimente legen die Vermutung nahe, dass dieses lokale Aufsteilen des Fells in Art und Wirkungsweise einer lokalen Rückström-bremse funktioniert und so den Ablösepunkt der Konturströmung weiter stromab-wärts verlagert, oder sogar ein Abreißen der Strömung verhindert. Vergleichbare Strömungsphänomene wurden am biologischen Vogelgefieder untersucht. Übertra-gungen auf Technik sind Stand der Wissenschaft und der Technik.
Das Fell einiger an das Wasserleben angepassten Säugetiere, wie Biber, Nutria oder Bisamratten ist heterogen hinsichtlich der Häufigkeit der vorkommenden Haar- und Borstentypen, der Haar- und Borstengeometrien und der mechanischen Eigenschaf-ten der Haare und Borsten, wie etwa Steifigkeit und Elastizität. Das Biberfell beispielsweise besitzt exponierte steife Haare, die so genannten Grannenhaare, deren hydrodynamische Funktion noch weitgehend ungeklärt ist. Beobachtungen legen aber den Schluss nahe, dass die Grannen in der Lage sind, die (Profil-) Grenzschicht des schwimmenden Tieres zu konditionieren.

Stand der Wissenschaft und Technik. Bionik, Ribblets.
In der belebten Natur sind im Laufe der biologischen Evolution der Wasserlebewesen eine Vielzahl fluidmechanisch wirksamer, insbesondere

den Strömungswiderstand mindernde Oberflächentypen entstanden. Manche biologischen Oberflächenstruk-turen wurden in der Vergangenheit als Vorbild für die Übertragung biologischer Phänomene in Technik genutzt. Stand der Technik und Wissenschaft sind technische Oberflächen nach dem Vorbild der Delfinhaut [3][4] und der Haihaut [5]. Der den Widerstand mindernde Effekt der Haihaut ist ein gut untersuchtes Phänomen, das auf dem physikalischen Prinzip der Umlenkung von gegenüber der neutralen Axialströmung abweichenden Querströmungsanteilen durch wohldimensionierte (axiale) Oberflächenfurchen – so genannten „Ribblets" - an der Haioberfläche beruht. Synthetische Ribblets für technische Anwendungen nach dem Stand der Technik werden als auf Bauteiloberflächen konfektionierte Folien oder als Oberflächen-prägungen ausgeführt. Nicht Stand der Technik sind sich der Strömung autoadaptiv anformende synthetische Oberflächenfurchen.

Stand der Wissenschaft. Kinematiken in der Biologie.
Flossen von Fischen und Meeressäugern dienen der Propulsion, dem Manövrieren und dem Stabilisieren des Lebewesens in Bewegung (in Fahrt). Biologische Flossen sind ihrer Art nach aktive Propulsions-, Leit- und Steuerflächen, können jedoch auch passive und strömungsadaptive Auf-gaben erfüllen. Die Flossen mancher Fischarten weisen eine komplexe Konstruktion mit Membranen und mehreren einbeschriebenen Stützstrukturen (Flossenstrahlen) auf.
Bei Wasserlebewesen besitzen die Flossen in der Regel eine in der Tragflächen-wurzel angesiedelte, vielachsig bewegliche Knochengelenk-Kinematik. Eine Vielzahl von Gelenken rezenter Wirbeltierskelette, wie beispielsweise die Mittelhandknochen und die Ellenbogengelenke, bilden komplexe, mehrachsige, räumlich wirksame Getriebesysteme aus. Das Handgelenk rezenter Lebewesen und dessen evolutions-biologisch relevante Frühstadien die als Fossilen vorliegen, können als biologisches Vorbild für eine vielachsige (technische) Kinematik dienen. Das kinematische Wirkprinzip dieser technischen Vielachsen- Scharnier- Kinematik ist jenes von mehreren dreidimensional-räumlich verbundenen, zwangsbewegten Klappen, deren (lokale) Scharnier-Drehachsen gemeinsame, lokale, Schnittpunkte besitzen. Je nach Zuordnung der Freiheitsgrade der im Sinne einer kinematischen Kette ein (lokales) räumliches Getriebe bildenden Scharniere, stellen die zwangskinematischen drei-dimensionalen Winkelbewegungen der Plattenebenen des kinematischen Systems eine Untersetzung, eine Übersetzung oder eine Umlenkung dar. Bei mechanischer Beaufschlagung bilden die beschriebenen Gelenkplattenkinematiken abhängig von der Anordnung der Gelenk- und Fixationsebenen (Knick-) Gewölbeformen aus.
Bionik. Die belebte Natur hat in den Jahrmillionen der biologischen Evolution äußerst effiziente und Ressourcen schonende Lösungen hervorgebracht. Aufgabe der Bionik ist es, Prinzipien der belebten Natur zu entschlüsseln, mit dem Ziel, diese auf künstliche Systeme, auf Artefakte, ja letztendlich auf Maschinen zu übertragen. Die Bionik verbindet die Naturwissenschaften mit den Ingenieurwissenschaften.
Für die näherungsweise zweidimensionale (ebene) Betrachtungsweise hinsichtlich der Gelenke rezenter Wirbeltierskelette ist es möglich, ein sehr einfaches ebenes kinematisches Gelenkplattenschema herzuleiten, mit dem die Übertragung von Prinzipien biologischer vielachsig-belastungsadaptiver

Zwangskinematiken (i-mech, intelligente Mechanik) auf technische Systeme, insbesondere Leit- und Steuerflächen für Seefahrzeuge gelingt.

Problembeschreibung

(1)   Bei Leit- und Steuerflächen von Seefahrzeugen, wie etwa Surfboard-finnen und anderen fluidmechanisch wirksamen, Querkraft erzeugenden Tragflächen taucht das Problem der beidseitigen fluidischen Beaufschag-barkeit im Betrieb auf. Deshalb haben Leit- und Steuerflächen, von Seefahr-zeugen im Allgemeinen symmetrische Profile. Dies gilt auch für (zentral angeordnete) Surfboardfinnen. Auf dem Gebiet der Surfboardfinnen sind wölbbare oder scharnierartig ausgeführte Konstruktionen und Bauweisen nicht Stand der Technik. In Fahrt und beim Manövrieren von Seefahr-zeugen sind flexible, nichtsymmetrische Profile für Stabilisatortragflächen wünschens-wert.

(2)   Es ist Stand der Technik und der Wissenschaft Polstoffe - der Art Fasergewirke verbunden mit Faserflor - auf technische Oberflächen, beispielsweise Tragflügel aufzubringen mit dem Ziel, die Strömungseigen-schaften der Bauteile zu verbessern.

Beim Manövrieren von Seefahrzeugen und in Fahrt ist Strömungsablösung insbesondere bei beweglichen und starren Leit- und Steuerflächen ein unerwünschtes physikalisches Phänomen. Die Ausbildung einer hydrody-namisch wirksamen Querkraft sinkt drastisch, der Gesamtwiderstand des Fahrzeuges nimmt zu. Es besteht weiter Entwicklungsbedarf auf dem Gebiet der technischen Anwendungen von auf Bauteiloberflächen konfektionierten Folien oder Oberflächenprägungen im Sinne synthetischer Ribblets. Sich der Strömung autoadaptiv anformende synthetische Oberflächenfurchen (zur passiven Grenzschichtkontrolle) sind nicht Stand der Technik aber wünschenswert.

Problemlösung

Die Erfindung betrifft eine Surfboardfinne, deren Gestalt sich (1) der beaufschlagen-den Strömung selbstständig anformt und die (2) polstoff-bewehrt ist. Die Belastungs-adaption wird über die besondere Gestaltung eines über drei Achsen beweglichen Gelenkgetriebes erreicht. Die Profilkontur entsteht durch den Trimm der Polstoffbewehrung.

Zur Problemlösung (1). Die Finne eines Surfboards wird als strömungsadap-tives und profilvariables, fluiddynamisch wirksames Tragflächensystem ausgeführt. Teile des fluiddynamisch wirksamen Tragflächensystems sind dabei in einer Ebene längs der Strömungshauptrichtung beweglich gelagert als Klappenprofil angeordnet. Weitere Teile des Tragflächensystems sind als bewegliche, passiv vom Strömungsdruck beaufschlagbare, also strömungs-adaptive Tragflächen ausgeführt derart, dass diese bei nichtaxialer Anströmung der Finnentragfläche automatisch nach Lee um wenige Winkelgrade ausgelenkt wird und durch eine Mehrachsen- Scharnier-Kinematik dem beweglichen Finnentragflügel zwangskinematisch eine fluidmechanisch günstige Form im Sinne einer Wölbverformung aufprägen. Die leewärtige Passivbewegung der strömungsadaptiven Finnentragfläche folgt der Hauptströmungsrichtung des Fluids. Die Mehrgelenkkinematik wird in zwei Ebenen als Bolzen- und als Gelenk-lager ausgeführt.

Zur Problemlösung (2). Das der Erfindung außerdem zu Grunde liegende Problem der passiven Grenzschichtkontrolle wird dadurch gelöst, dass auf die

Oberflächen strömungsmechanisch wirksamer Bauteile (oder anderer Kraft- und Arbeitstrag-flächen, Leit- und Steuerflächen im Bereich des Unterwasserschiffes) ein matrixgebundenes Fasergewirke mit Faserflor gefügt wird, welches hinsichtlich der Faserfloreigenschaften heterogen ist. Die Heterogenität in Geometrie und mechanischen Eigenschaften der Florfasern zielt insbesondere auf exponierte, steife Florfasern nach dem biologischen Vorbild der Grannenhaare des Biberfells. Die Anordnung, Häufigkeit und Geometrie der die synthetischen Grannen repräsentierenden Fasern in einem Flor soll variierbar und von einem Fachmann an gegebene Strömungserfordernisse anpassbar sein. Die fluidmechanischen Eigenschaften eines mit Fasergewirke mit heterogenem Faserflor bemantelten Strömungsbauteils bewirken, dass sich die Fasern selbstständig und ohne zusätzliche Regelung passiv der beaufschlagenden Strömung anformen (Autoadaption), bei gleichzeitiger Ausbildung einer elastischen Furchenstruktur der Oberfläche, in der Art und Wirkungsweise synthetischer Ribblets. Damit besitzt ein mit Fasergewirke mit heterogenem Faserflor bemanteltes Strömungsbauteil die Fähigkeit, die körpernahe Grenzschicht zu konditionieren.

Das Fasergewirke wird mit Faserflor stoffschlüssig nichtreversibel form- oder stoffschlüssig (beisielsweise als permanente Klebung) gefügt. Das strömungsmechanisch wirksame matrixgebundene Fasergewirke mit heterogenem Faserflor ist mit Fertigungstechnologien nach Stand der Technik industriell herstellbar. Die Flächengeometrie des strömungsmechanisch wirksamen matrixgebundenen Fasergewirkes mit heterogenem Faserflor ist von einem Fachmann auf unterschiedliche Strömungskörper spezifizierbar und vom Anwender leicht auf dem Strömungsbauteil zu positionieren.

Die Finne ist zur gestaltkompatiblen Montage an standardisierte Einbauflansche für Surfboards diverser Hersteller geeignet. Das Surfboard und die Einbauflansche (Plugs) für Surfboardfinnen sind nicht Gegenstand der Erfindung. Das Tragflügelteil der Surfboardfinne besitzt eine strömungsmechanisch wirksame und bauartbedingt, unter neutraler Strömungsbeaufschlagung eine symmetrische Profilkontur.

Erreichbare Vorteile
(1)   Durch die nach Lee gerichtete Passivbewegung der Finnentragfläche wird erreicht, dass – vermittelt über die beschriebene zwangskinematischen Wölbverformung die Profilkontur der Finnentragfläche eine strömungsgünstige, den Druck- und Formwiderstand mindernde und den dynamischen Vortrieb steigernde Gestalt passiv, automatisch, d.h. geometrisch autoadaptiv und energetisch autonom annimmt. Die resultierende Widerstandsminderung im Bereich des Unterwasserschiffs beeinflusst die Energiebilanz des Gesamtsystems positiv. Die Fluidmechanische Wirksamkeit einer strömungsadaptiven und profilvariabel ausgeführten Finnentragfläche ist höher als jener eines vollsymmetrischen Finnenprofils vom Stand der Technik. Die Differentialbauweise der Finne führt zu einer sehr kompakten und kostengünstigen Konstruktion.
(2)   Durch die Erfindung wird des Weiteren erreicht, dass der Widerstand durch Strömungsablösung bei fluidisch belasteten Finnen von kleinen Seefahrzeugen vermindert wird. Durch die Erfindung wird der bei schwimmenden Säugetieren beobachtete Effekt der Strömungskonditionierung durch Fell auf ein technisches System übertragen und die physikalische Wirkung des lokalen Aufsteilens des biologischen Fells für technische

Anwendungen, beispielsweise fluidisch beaufschlagte Kraft- und Arbeitstragflächen nutzbar, speziell Surfboardfinnen. Des Weiteren werden die fluidischen Eigenschaften Strömungsbauteils im axialen oder nahe des axialen Anströmzustandes dadurch verbessert, dass sich die Fasern des heterogenen (Faser-) Flors selbstständig und ohne zusätzliche Regelung passiv der beaufschlagenden Strömung anformen (Autoadaption), bei gleichzeitiger Ausbildung einer elastischen Furchenstruktur der Oberfläche (synthetische, flexible Ribblets). Damit kann ein mit Fasergewirke mit heterogenem Faserflor bemanteltes Strömungsbauteil die körpernahe Grenzschicht konditionieren. Die hierdurch erzielbare Verminderung des Strömungswiderstands ist von wirtschaftlichem Interesse.

Aufbau, bauliche Ausführung und Wirkungsweise
Fluidmechanisch wirksame Leit- und Steuertragflächen insbesondere Surfboard-finnen sind in der Regel profiliert ausgeführt. Das vom Surfboard abgewandte Finnentragflächenende (Trag-flächenrandbogen) ist typenbedingt geformt und kann mit unterschiedlichen Konturen ausgebildet sein. Für Surfboardfinnen vom Stand der Technik sind unterschiedliche Profile und Profilkombinationen bekannt.
Die Beschreibung des Aufbaus, der baulichen Ausführung und der Wirkungsweise betrifft eine Surfboardfinne, deren Gestalt sich der beaufschlagenden Strömung selbstständig anformt. Die schematische Abbildung Figur 1 zeigt skizzenhaft das unbemantelte (ohne Polstoffbewehrung) Strömungsbauteil. Die Belastungsadaption der Finne wird über die besondere Gestaltung eines über drei Achsen beweglichen Gelenkgetriebes erreicht. Die Finne ist symmetrisch ausgeführt und zur gestalt-kompatiblen Montage an standardisierte Einbauflansche für Surfboards diverser Hersteller geeignet. Einbauflansche sind nicht Gegenstand der Erfindung. Das Surfboard BOA ist nicht Gegenstand der Erfindung.
Das Tragflügelteil der durch eine Polstoffbewehrung bemantelten Surfboardfinne besitzt eine strömungsmechanisch wirksame, und durch seine Bauart bedingt, eine symmetrische Profilkontur. Die Profilkontur ist durch die „Frisur" der Bemantelung gegeben. Für die Montage von unterschiedlichen Finnen an Surfboards sehen die marktführenden Hersteller standardisierte Einbauflansche vor. Das bei dieser Konstruktion zur Anwendung kommende „Terminal", welches zu dem Einbauflansch (Plug) des Surfboards kompatibel ist, entspricht standardisierten Rechteckprisma.
Die für den Finnenwurzel-Bereich, zum Terminal kompatiblen „Box" ist beliebig und nicht relevant für die Erfindung nach Anspruch 1. In den Abbildungen Figur 1 wird der Finnenwurzel-Bereich TER eines international agierenden Herstellers als Rechteck-prisma der Länge L=115 [mm], Tiefe T=18 [mm] und Dicke D=7 [mm] dargestellt. Bauweisen und Bauausführungen der Anmontage einer Finnentragfläche an ein Surfboard sind nicht Gegenstand der Erfindung.

Aufbau und bauliche Ausführung.
Der Finnenflügel F, bestehend aus dem bugwärtigen Finnenflügelteil FINB und dem heckwärtigen Finnenflügelteil FINH bilden zusammen eine konstruktive und funktionale Einheit, nachfolgend Innenstruktur benannt. Die schematische Abbildung Figur 1 zeigt skizzenhaft die unbemantelte (ohne Polstoffbewehrung) Innenstruktur des Strömungsbauteils. Der Finnenflügel F

besitzt erfindungsgemäß eine Bemante-lung mit einem Polstoffgewirke. Im Bereich der Profilnase kann eine Armierung angebracht werden. Die schematische Abbildung Figur 2 und die schematische Abbildung Figur 3 zeigen skizzenhaft das bemantelte Strömungsbauteil.

Zur Innenstruktur der Finne. Das Hülsengelenk HÜG besitzt die vertikale Gelenkebene GEV. Das Fugengelenk SGF arbeitet in der Gelenkebene GEF und horizontal angeordnete Scharnier SGH ist in der Ebene GEH beweglich. Das Hülsen-gelenk HÜG, das Fugengelenk SGF und das horizontal angeordnete Scharnier SGH bilden gemeinsam ein über drei Achsen definiertes und in den Ebenen GEV und GEF und GEH bewegliches Gelenkgetriebe aus. Im unbeaufschlagten Zustand nimmt die bewegliche Finne eine neutrale, ebene Ausrichtung an und der Finnentragflügel erzeugt keine Querkräfte (Auftrieb). Das bugwärtige Finnenflügelteil FINB und das heckwärtige Finnenflügelteil FINH bilden die Gesamttragfläche F und sind in klassischer Urformbauweise nach Stand der Technik aus Kunststoff fertigbar. Die Finnenwurzel TER ist ebenfalls in klassischer Urformbauweise aus Kunststoff fertigbar. Finnenflügel und Finnenwurzel sind auch durch generische RP-Verfahren (Rapid Prototyping) fertigbar. Der Werkstoff muss für das (fertigungstechnische) Ausbilden von Filmgelenken geeignet sein; u. A. Polyamid (PA), oder Nylon kommen in Frage. Die Scharniere SGH und SGF sind handelsüblich und Stand der Technik. Das Hülsengelenk HÜG sollte eine Achse aus seewasserfestem Stahl oder aus Buntmetall besitzen. Die bauliche Ausführung des Finnentragflügels FIN entspricht einer Differentialkonstruktion.

Bauteile, Merkmale und Erläuterungen
Konstruktionskomponenten
TER   Finnenterminal, Finnenwurzel
FIX   Fixationsriegel (Formschluss)
F   Finnenflügel
FINB   bugwärtiger Finnenflügelteil
FINH   heckwärtiger Finnenflügelteil
FTIP   Randbogen des Finnenflügels
NAS   Armierung der Profilnase
POL   Polstoffbemantelung
BOA   Grundkörper des Surfboards, der nicht Gegenstand der Erfindung ist.
Gelenke
SHG   horizontales Scharniergelenk
SGF   Fugen-Scharniergelenk
HÜG   Hülsengelenk
Ebenen
GEV   Gelenkebene des vertikalen Hülsengelenks
GEF   Gelenkebene des Fugen-Scharniergelenk
GEH   Gelenkebene des horizontalen Scharniergelenk
Finnenwurzelbereich
Länge   L= 115   [mm]
Tiefe   T=18   [mm]
Dicke   D = 7   [mm]

Aufbau und Montage

Bei einem fluidmechanisch wirksamen, matrixgebundenen Fasergewirke mit heterogenem Faserflor bilden eine Gewebematrix und der Flor sowie die synthetischen Grannen repräsentierenden Fasern eine gestalterische und organisatorische Einheit, wie in der Gebrauchsmusteranmeldung [8], die die die Anwendung polstoffbewehrter Kraft- und Arbeitstragflächen benennt (siehe Gebrauchsmuster-Nr. 202014003336.6, IPC: D04B21/02) beschrieben. Eine Gewebematrix und die Oberfläche des Strömungskörpers KO sind dort durch Klebung stoffschlüssig gefügt. Die Gewebematrix kann auch durch Nähen formschlüssig gefügt werden.

Kinematische Wirkungsweise

Der Tragflügel FIN, gebildet aus dem bugwärtigen Finnenflügelteil FINB und dem heckwärtigen Finnenflügelteil FINH, sind Teil der Lateralfläche des Surfboard-Fahrzeugs. Erfindungsgemäß sind Teile des fluiddynamisch wirksamen Tragflächen-systems in einer Ebene längs der Strömungshauptrichtung beweglich gelagert angeordnet. Weitere Teile des Tragflächensystems sind als bewegliche, passiv vom Strömungsdruck beaufschlagbare, also strömungsadaptive Tragflächen ausgeführt derart, dass diese bei nichtaxialer Anströmung der Finnentragfläche automatisch nach Lee (auf die der Strömung abgewandte Seite, um wenige Winkelgrade in der Drehachsenebene GEV) ausgelenkt wird und durch eine Mehrachsen- Kinematik dem beweglichen Finnentragflügel zwangskinematisch eine fluidmechanisch günstige Form im Sinne einer Wölbverformung aufprägen. Die leewärtige Passiv-bewegung der strömungsadaptiven Finnentragfläche folgt der Hauptströmungsrichtung des Fluids. Die Mehrgelenkkinematik wird in zwei Ebenen als Gelenklager ausgeführt.

Die Kinematische Wirkungsweise der Geometrie des räumlich beweglichen Tragflügels in Ruhelage:

In Ruhelage und in einem nicht durch Querströmung beaufschlagten Zustand bilden das bugwärtige Finnenflügelteil FINB und das heckwärtige Finnenflügelteil FINH den fluidmechanisch wirksamen Tragflügel F aus, der in einem durch die Strömungskräfte unbeaufschlagten Zustand eine neutrale, ebene Ausrichtung annimmt. Es werden vom Finnentrag-flügel keine Querkräfte (Auftrieb) erzeugt.

Die Kinematische Wirkungsweise der Geometrie des räumlich beweglichen Tragflügels unter nichtzentraler fluidischer Beaufschlagung:

Während des bestimmungsgemäßen Betriebs, insbesondere beim Manövrieren, tritt am Unterwasserschiff des Surfboards eine nicht zentralsymmetrische, fluidische Beaufschlagung des Finnenflügels auf. Die auf die Finne wirkende, resultierende Strömungsbewegung lässt sich in einen parallel zur Symmetrieachse des Seefahrzeugs liegenden Anteil und in einen quer dazu liegenden Anteil beschreiben, was für die Erklärung der fluidmechanischen Wirkungsweise strömungsbeaufschlagter, räumlich Leitflächen an Finnentragflächen von Bedeutung ist.

Eine Surfboardfinnen-Tragfläche mit symmetrischem Tragflächenprofil nach Stand der Technik besitzt auch bei nichtzentraler fluidischer Beaufschlagung einen Betriebsbereich, in dem das Verhältnis aus erlittenem Widerstand und der für das Voranbewegen und Manövrieren erforderlicher erzeugter

Querkraft vertretbar ist, oder kurz: auch symmetrische Profile erzeugen bei nicht zentraler Beaufschagung „Auftrieb". Der Betriebsbereich (Anströmwinkel, Geschwindigkeit) eines nichtsymmetrischen Tragflächenprofils wird im Auslegungsfall aber erheblich größer sein, als jener eines vergleichbaren symmetrischen Tragflächenprofils. Bei fluidischer Beaufschlagung (also im nichtsymmetrischen Anströmungsfall) vollführt das aus den Tragflächenteilen (bugwärtiger Finnenflügel teil) FINB und dem (heckwärtiger Finnenflügel teil) FINH repräsentierten Tragflächensystem eine zwangskinematische Klappbewegung. Es stellt sich ein Gleichgewichtszustand ein und die Tragflügel-fläche F erfährt eine Wölbung. Bei nichtaxialer Anströmung arbeitet eine reguläre Surfbrettfinne als fluiddynamische und querkrafterzeugende Auftriebsfläche. Durch die bei nicht axialer Auslenkung infolge fluidischer Beaufschlagung erzwungene Wölbgeometrie entsteht ein fluidmechanisch wirksames, vorteilhaft profiliertes Tragflächensystem.

Fluidmechanische Wirkungsweise der Bauteiloberfläche im Betrieb.
Die fluidmechanischen Eigenschaften eines mit Fasergewirke mit heterogenem Faserflor bemantelten Strömungsbauteils werden dadurch verbessert, dass sich in einem hauptsächlich durch vorwiegend axiale fluidische Beaufschlagung charakterisiertem Betrieb eines mit fluidmechanisch wirksamen, matrixgebundenen Fasergewirke mit heterogenem Faserflor bemantelten Strömungskörpers die Fasern selbstständig und ohne zusätzliche Regelung passiv der beaufschlagenden Strömung anformen (Autoadaption). Gleichzeitig bildet sich durch Anlegen der exponierten Fasern (synthetische Grannen) eine elastische Furchenstruktur an der Oberfläche aus (synthetische Ribblets). Damit besitzt ein mit Fasergewirke mit heterogenem Faserflor bemanteltes Strömungsbauteil die Potenz, die körpernahe Grenzschicht zu konditionieren.

Im Betrieb kommt es bei hydrodynamisch wirksamen Auftriebsflächen in bestimmten Anströmsituationen infolge lokaler Rückströmung und Wirbelbildung zu einer Strömungs-ablösung an der Strömungskörperoberseite. Infolge der fluidischen Beaufschlagung steilen sich Fasern des heterogenen Flors des matrixgebundenen Fasergewirkes lokal auf. Das Aufsteilen der flexiblen Fasern funktioniert in der Wirkungsweise einer Rückströmbremse und bewirkt lokal, dass ein Abreißen der Strömung vermindert oder (lokal) verhindert wird, wie in der Darstellung zum Stand der Wissenschaft am biologischen System beschrieben. Bei nichtaxialer Anströmung sind die Fasern des Flors des matrixgebundenen Fasergewirkes auf der der Hauptströmungsrichtung zugewandten Seite inaktiv und legen sich an, vermittelt durch die Druckkräfte der Strömung an den Strömungskörper. Das Verhalten der Gesamtkonstruktion ist damit autoströmungsadaptiv.

Bibliographie und Entgegenhaltungen

[1] DIN 60 000 (1969): Textilien, Grundbegriffe. DK 677.1/.5:001.4

[2] DIN   3415   (1990):   Textile   Haftverschlüsse.   DK   688.2-036.675:677.074/.067.

[3] Bechert, D.W.(1993): Verminderung des Strömungswiderstandes durch bionische Oberflächen. In: VDI-Technologieanalyse Bionik, S. 74–77. VDI-Technologiezentrum Düsseldorf 1993.

[4] Bechert, D.W.(1997), Biological Surfaces and their Technological Application. 28th AIAA Fluid Dynamics Conference: 1997

[5] Nachtigall, W. (1998): Bionik – Grundlagen und Beispiele für Ingenieure und Naturwissenschaftler. Springer-Verlag, Berlin-Heidelberg-New York 1998.

[6] DIN 62 055 (1994): Gewirke und Gestricke, Polstoffe. ICS 59.080.30; 01.040.59

[7] Patone, G. (1996): Aeroflexible Oberflächenklappen als "Rückstrombremsen" nach dem Vorbild der Deckfedern des Vogelflügels. Technical Report TR-96-05 TU Berlin. FG Bionik und Evolutionstechnik.

[8] Dienst, Mi. (2014) Fluidmechanisch wirksames, matrixgebundenes Fasergewirke zum Anfügen an technische Oberflächen. (GM250). Gebrauchsmuster-Nr. 20 2014 003 336.6, IPC: D 04B 21/02

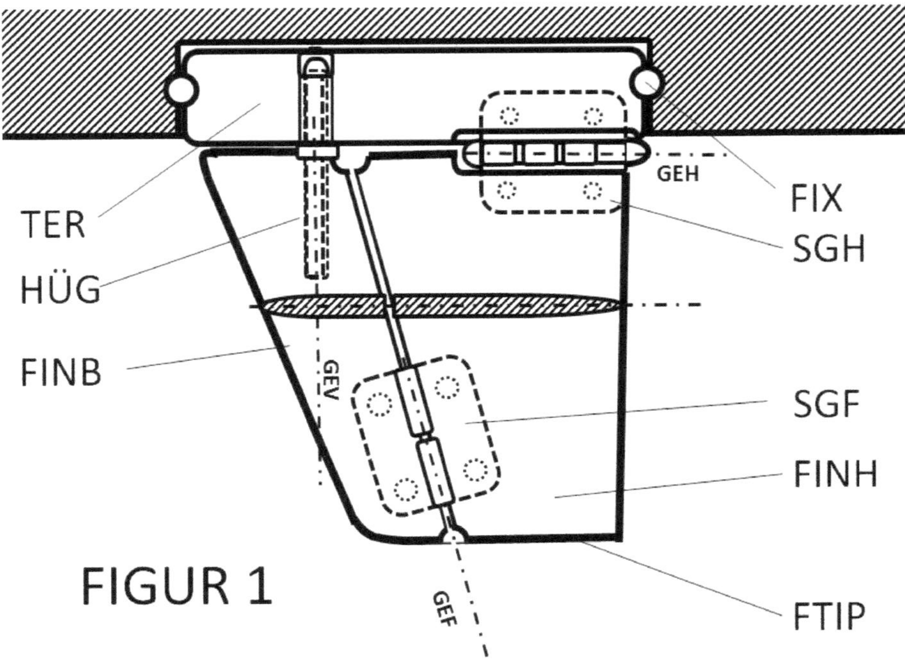

TER
HÜG
FINB
GEH
FIX
SGH
GEV
SGF
FINH
GEF
FTIP
FIGUR 1

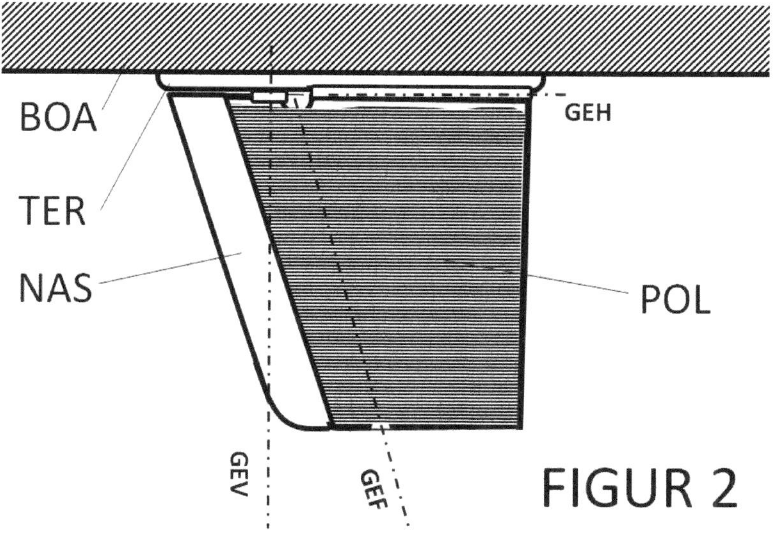
BOA
TER
NAS
GEH
POL
GEV
GEF
FIGUR 2

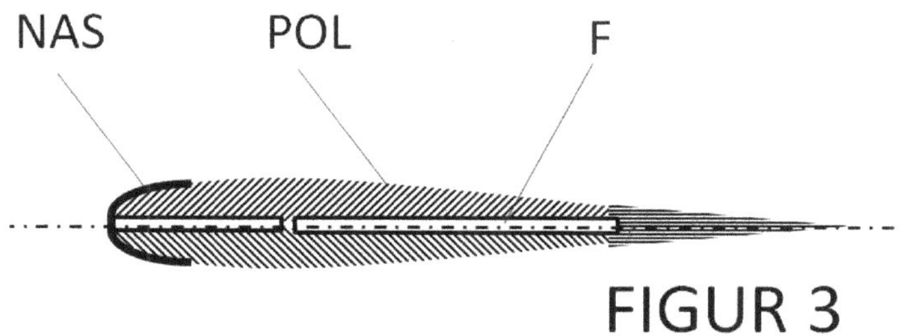
NAS
POL
F
FIGUR 3

Ansprüche

(1)   Surfboardfinne, deren Gestalt sich der beaufschlagenden Strömung
         selbstständig anformt, dadurch gekennzeichnet,

         dass ein bugwärtiger Surffinnentragflächenteil, ein heckwärtiger
         Surffinnentragflächenteil, die scharnierartig ausführbaren und das die
         Surfbrettfinnentragflächenteile verbindenden Gelenke eine konstruktive
         und funktionale Einheit bilden.

(2)   Surfboardfinne nach Anspruch 1 dadurch gekennzeichnet,

         dass das Gelenkplattensystem unter fluidischer Beaufschlagung ein
         strömungsmechanisch vorteilhaftes Surffinnentragflügelsystem
         ausbildet.

(3)   Surfboardfinne nach Anspruch 1 dadurch gekennzeichnet,

         dass die Finne ist und zur gestaltkompatiblen Montage an
         standardisierte Einbauflansche für Surfboards diverser Hersteller
         geeignet ist, ausgeführt.

(4)   Surfboardfinne nach Anspruch 1 dadurch gekennzeichnet,

         dass die Finne polstoffbewehrt ist und deren Profilgestalt sich der
         beaufschlagenden Strömung selbstständig anformt.

Epilog

Es ist Sonntag der 20. November 2016. Totensonntag. Vorhin haben wir die Traueranzeige aus der Tageszeitung geschnitten. Reinhard, erst mein Dozent, dann mein Kollege und seitdem mein Freund – natürlich habe ich mich zu wenig gekümmert in den letzten Jahren - wird in wenigen Tagen als Urne in eine Marienfelder Wiese versenkt. H. wird mich begleiten. Ich bin ihr dankbar dafür.

H: Du weißt aber schon, dass Du gerade Bockmist baust?
Mi: Ja.
H: Ich meine jetzt nicht diesen Schmalz mit dem Big Zeppelin. Und dass Du jetzt auch noch dichten musst. Ich meine die Sache an sich.
Mi: Page nicht Degenhard. *Led* Zeppelin.
H: Was soll der Quatsch mit der Patentverbrennung?

In die Trauer mischt sich Streit, der den vorliegenden Text betrifft. Nicht seinen Inhalt, sondern dass es diesen Aufsatz überhaupt geben soll. H. ist mein bester Freund, meine Ratgeberin und mein Gewissen. Seit weit vielen Jahren. Eigentlich immer schon. Don`t make me loose … Sollte in meiner Umgebung je so etwas wie Moral aufgetaucht sein, dann ist H auch dies. Zunehmend ist H. auch noch mein Gedächtnis. Mit immer gleicher Ruhe und allen Übels verzeihend nimmt sie an meiner Verblödung teil. Und Anteil. Erduldet die alten Methoden und die neu hinzukommenden Rituale, mit denen ich dagegen ankämpfe zu einer Art Gemüse zu werden. Von außen betrachtet muss ich ein Scheusal sein und sie ist so stark. Und viel lieber würde ich mich aus dem Revier schleichen wie ein sterbendes Tier; aber das lässt sie nicht zu. Sie würde es außerdem feige nennen.

H: Patente verbrennen das machen nur Primitive. Willst Du das sein? Du würdest keinen guten Proleten abgeben. Mann, Micha. Nicht mal einen Working Man. Du warst nie ein guter Handwerker, nie. Aber du warst immer ein guter Ingenieur. Der zündet keine Bücher an. Oder den ganzen Wedding gleich.
Mi: Ich *bin* Handwerker.
H: Ha, wenn unser Föhn kaputtgeht, schneide ich den Stecker ab.
Mi: Ja, ich weiß.
H: Damit Du am Leben bleibst. Deine beiden linken Hände sind sprichwörtlich. Aber Du warst ein guter Ingenieur. Ich würde Dich einen genialen Theoretiker nennen.
Mi: Aber auch Schlosser.
H: Vor meiner Zeit.
Mi: Sie haben uns die Türschilder abmontiert. Den Dipl.-Ing., den Master, alles.
H: Das sagtest Du bereits. Jammer, jammer, jammer. Du bleibst Ingenieur.
Mi: Sonstiger Mitarbeiter.
H: Hör auf.
Mi: Wir dürfen keine wissenschaftlichen Aufsätze schreiben. Weil wir neuerdings keine Akademiker mehr sind, sagt ..

H: .. der Vize, ich weiß. Das ist aber jetzt nicht unser Thema. Nicht wieder. Du willst also Deine Bücher verbrennen. Öffentlich. Im Wedding. Kriminell werden. Ich fasse es nicht.
       Und übrigens heißt es: „komm wir gehen *Tauben vergiften* im Park"? Dieser Öchi-Typ. Geissler oder so!
Mi: Du kennst Georg Kreissler? Wahnsinn.
H: Das nenne ich übrigens kriminell. Die armen Tauben.

Beide müssen herzhaft lachen. Es ist *der* Running Gag. 1981, sie kannten sich etwa ein halbes Jahr und H. hatte diese Krebsdiagnose. Eine Powerfrau sollte Zytostatika nehmen, bestrahlt werden, die schönen blonden Haare verlieren. Die volle Packung. Ein Anruf mit dem Stationstelefon, wenig Worte nötig, M. war zur Stelle und zur gemeinsamen Flucht bereit. Der ganze Krankenhauskram war schnell eingepackt und man schlich aus dem Zimmer, nicht ohne die „Chemo", jene kleinen roten Pillen der ersten Phase, aus der Verpackung zu drücken und aus dem Zimmerfenster zu werfen. Wie Diebe huschten sie aus der Krebsstation der „Puls-Straße, Frauenklinik Charlottenburg. H. hatte beschlossen: Sie wollte nicht krank sein, sie gab dieser Diagnose keine Chance. Wie sie waren, fuhren die beiden direkt in den Harz. Also Grenzkontrolle, DDR, Hirschberg an einem Stück, mitten in der Woche, Arbeit egal, Klausuren egal, faktisch waren sie an diesem Tag ja schon tot. Aber zusammen. Nach einem wunderbaren verregneten Wochenende lebten sie aber immer noch. Nach zwei Wochen auch. Fünf Wochen nach der Flucht gehen sie gemeinsam ins Krankenhaus und stellten sich den Ärzten, dann der Untersuchung, und schließlich der gesamten Situation. Die Diagnose ist negativ! H: „Der Krebs hat sich verpisst".

Ach so, die Tauben? Als ich mit H durch das Treppenhau hetze, durch das schwere Tor zum Innenhof schlüpfe, sehen wir sie, wie sie die kleinen roten Pillen aufpicken.

H: Das ist Anarchie. Man verbrennt keine Bücher. Niemals.
Mi: Bücher?
H: Aufsätze, Wissenschaft, Forschung, Patente. Was auch immer. Stell Dich nicht doof. Ich will nicht ..
Mi: .. mit einem Anarchisten in einem Bett schlafen.
H: .. an einem Tisch sitzen. Wie jetzt gerade. Oder sie sperren Dich gleich ein. Denk doch mal an die Kinder. Unsere Kinder.
Mi: Propotkin hatte auch Kinder. Bakunin sogar zehn.
H: Wer?
Mi: Ok, gelogen.
H: Ossies.
Mi: Russen.
H: Du lässt Dich also einknasten, nur um Dein Mütchen zu kühlen!
Mi: :) :
H: Deine Tochter hat einen Kriminellen zum Vater. Und Mo auch. „Besser heut nich U-Bahn fah`n, der Papa zünd` den Wedding an".
Mi: nennen wir es „Arbeiten am Stand der Technik".
H: Du kannst doch nicht alles aufs Spiel setzen. Deine Arbeit. Uns. Dich selbst?

Sie erträgt es, wie ich morgens um acht zur Arbeit radle, abends nach sieben nach Hause komme und mich sogleich an den Tisch setze, um zu schreiben. Ich weiss ja inzwischen auch, dass ich asozial bin. Dieses zwanghafte Schreiben. Aber es gibt Anlässe. Nicht wenige Dinge erfinde ich mehrmals. Mal liegen Jahre dazwischen, mal eine Nacht. Anfangs habe ich mich noch gewundert und war amüsiert, dass ich gleiche Formulierungen wieder und wieder verwende. Aber wenn einer sich _eine_ ganze Nacht das Hirn zermartert, um _einem_ Absatz den letzten Schliff zu geben, wieder und wieder unzufrieden ist, generiert und verwirft, um dann keine drei Tage später einen alten Text mit exakt diesem Satz, alleine mit dem Unterschied korrekter Orthographie, wiederfindet in einem Aufsatz aus dem Vorjahr, dann muss einer – um nicht zu verzweifeln - verschwiegen sein wie Hermes, oder einen guten Freund haben. Ich habe H.

H: Du weißt, dass Du uns dann alle zum Narren gehalten hast. Jahre lang. 35 Jahre lang. Selbst wenn Du da bist, bist Du nicht da.
Mi: Fünfunddreißig-und-sieben-zwölftel Jahre.
H: Du bist wirklich so ein Ego-Fuzzi. Der größte seit Hermann Hesse.

Ja das stimmt leider. Wenn ich programmiere, bedeutet mir die Eleganz des Codes sehr viel. Da bin ich eitel und stolz drauf. Funktions- und Variablennamen wähle ich sorgfältig. Im wahrsten Sinne des Wortes sinnfällig. Nicht selten stürze ich ganze Routinen, wenn sie nicht im Gesang des restlichen Codes aufgehen. Ich genieße dieses schöpferische Tun. Es ist erhebend, ja, berauschend. Ich klappere diesen bigotten Text ganz gelockert in die Tastatur, weil ich außer mir noch einige Menschen kenne, die ich sehr schätze und bewundere, Reinhard gehört dazu, und von denen ich gleichzeitig wusste und weiß, dass sie alles andere sind, als vergeistigte, selbstverliebte Spinner.
Dieserart begann ich kürzlich an einem Programm zur „schnellen Fluid-Struktur-Wechselwirkung", also „fastFSI" zu arbeiten. Wenn man nicht ständig programmiert, braucht man schon ein paar Tage konzentrierter Arbeit, damit es wieder fließt und flutscht. Nach einer Woche etwa kamen mir Namen und Strukturen verdächtig vor. Ins Wochenende ging ich mit einem seltsamen Gefühl. Am Samstagabend wurden die heimischen Speicher-Sticks durchforstet. Nach Programmen, nach einem Urteil. Siehe da, auf meinem alten Windows-NT-Laptop fand ich den Code. Aus dem Jahre 2004. Saubere Arbeit. Fein ausgewählte Dateinamen, kluge Prozeduren, das ganze Programm ein rundes, funktionierendes Etwas. Nun wusste ich, wo ich am Montag im Büro suchen müsste. Es hätte mich erfreuen sollen, das Wiederfinden. Tat es aber nicht. Ich hatte alles vergessen. Alles. Nicht nur in welcher Weise es funktioniert und geht, sondern dass es überhaupt bereits jemals funktionierte und ging. Dass es da war. Und fertig. Und was mich am meisten daran stört ist, dass ich damals viel besser war als heute. Vielleicht nicht so fit wie meine jungen Kollegen, mit denen ich (noch) das Büro teilen darf. Aber trotzdem ganzschön gut. Wie konnte ich nur vergessen, dass ich dieses kniffelige FFSI-Problem (stellen Sie sich bitte vor: ein Potentiallöser und die elastische Theorie lösen gekoppelt die Aufgabe der Fluid-Struktur-Interaktion eines Profilquerschnitts in 1/1000 der Zeit, die ein CFD-Code braucht) schon einmal gelöst hatte. Ich habe bis heute gebraucht, diesen Schock zu überstehen. Diese Schande. Brauche bis nächstes Jahr oder bis morgen. H sagt, sie begleite mich in die Finsternis.

H: Aber nicht heute!

Mi: Es geht schnell.

H: Ich dachte, Du meinst das eher so theoretisch-symbolisch. Wir wollten doch
        auf den Türkenmarkt gehen.

Mi: Das tun wir auch. Gleich im Anschluss. Guck mal; das ist nur eine Ecke.

H: … und Du meinst ich soll Dich jetzt hier mit Deiner Gitarre fotografieren.
        Sie bleibt stehen stampft mit dem Fuß auf. Eine typische H-Geste, süß.
        Du kannst doch gar keine Gitarre spielen.

Mi: Ein Neuanfang.

H: Katholischer Pharisäer!

Ich habe eine schlecht strukturierte Angst, dass ich diesen Text hier schon einmal
geschrieben habe. Oder zweimal, oder zehnmal.
Inzwischen sind ein paar Tage vergangen. Eine Woche um den Pfeil der Zeit richtig zu
zeichnen. Später Abend.

Mi: Nein, ganz im Gegenteil. Ich empfinde es inzwischen als Glück, wenn sie mich
        nicht einladen. Ich habe zunehmend Probleme mit Menschen. Und
        Weihnachtsfeiern mag ich überhaupt nicht. Reden kann ich gut; Aber
        zuhören nicht mehr. Übrigens: Fidel Castro ist tot.

H: Der lebt noch? Also bis gerade noch, hätte ich beinahe gesagt: Castro, der
        Macho. Zu viele Kinder mit zu vielen Frauen.

Mi: Und dennoch; aus meiner beschränkten Westsicht: Ein Wahrer der Sache. Ein
        Drastiker. Schade, satreartig ist er nun nicht gestorben. So mit der
        Kalaschnikow in der Hand. Die deutschen sahen ihn kritisch. Mochten ihn
        nicht. Du wirst sehen, wie schwer sie sich nun tun. Die Kanzlerin wird wohl
        nicht nach Cuba fliegen. Ihm die Ehre erweisen. Sie könnten den Schily
        schicken. Oder die Hogefeld aus Wiesbaden. Nur zur Beerdigung. Nur für
        einen Tag. Das hätte eine gewisse Größe und Tradition. Alle reden jetzt
        wahrscheinlich nur von der Cuba-Krise, den Atomraketen, den Säuberungen.
        Keiner spricht von den Schulen, den Zahnbürsten für die Kinder, den
        Krankenhäusern und von der Liebe, die das Volk ihm dafür entgegenbringt
        „Por todo el tiempo, para siempre“. Oben im Regal steht seine Biographie. Als
        Comic[3]. Wusstest Du, dass er Arzt..

H: .. Rechtsanwalt ..

Mi: Ach, schau an. Deine Sozi-Gene. Dann war Che der Kinderarzt, so war das.
        Und Motorradfahrer, der Che guevara.

H: Deine TU! Es stört Dich also gar nicht, dass sie Dich nicht einladen?

Mi: Meine und Deine. Und nein.

H: *Schaut ihm über die Schulter.* Ich wollte nur mal schauen, was Du machst.
        Sitzt vor dem Laptop. Arbeitest. Hackst.

Mi: Du rauchst zu viel, wolltest Du sagen.

H: Das auch. Rauch nicht so viel. *Gähnt.* Deine Anarchisten? Ich hab schon mal
        den Baumschmuck rausgesucht. Die Kerzen und alles.

---

[3] Castro Castro von Reinhard Kleist Verlag: Carlsen; Auflage: Originalausgabe (1. Oktober 2010)
ISBN-10: 3551789657, ISBN-13: 978-3551789655

Mi: Bakunin, Kropotkin[4]. Du hattest Recht, letztens. Aber das war auch eine andere Zeit. Beide ehrenhafte Anarchisten. Sie haben sich der Menschen verdient gemacht. Aber das hier ist etwas Anderes. Im Vergleich zur realen Welt, der bösen Welt, machen wir nur akademischen Schnulli. Könnten wir das nicht einfach ein wenig tiefer anhängen?

H: Deine verbrannten Patente? Ja, das ist was ganz anderes. Es ist einfach nur bescheuert. Ich habe mir Dein T001 SI 482 mal angeguckt. Was soll das überhaupt: T, SI?

In der Tat. Die alten Anarchisten. Fürst Pjotr Alexejewitsch Kropotkin (1842 bis 1921) war ein russischer Schriftsteller. Aufgrund seiner adligen Herkunft wurde er „Der anarchistische Fürst" genannt. Er hinterließ viele revolutionäre und anarchististische Schriften. darunter die revolutionäre Schrift *Die Eroberung des Brotes*. Kropotkin kämpfte für eine gewalt- und herrschaftsfreie Gesellschaft und gilt als einer der einflussreichsten Theoretiker des *kommunistischen Anarchismus*.
Durch eine Lungenentzündung geschwächt, verstarb Kropotkin am 8. Februar 1921. Repräsentanten verschiedener anarchistischer Gruppen, bildeten ein Begräbniskomitee und konnten von den sowjetischen Autoritäten die Freilassung eingesperrter russischer Anarchisten erreichen, unter der Bedingung, dass diese nach dem Begräbnis wieder in die Gefängnisse zurückkehren würden. Mehrere zehntausend Menschen besuchten die Beerdigung am 13. Februar 1921 und machten sie zur letzten großen Demonstration anarchistischer Kräfte in Sowjetrussland.

Mi: Du hast es Dir angeschaut? Lieben Dank. *Das meint er ausnahmsweise nicht polemisch.* SI ist die interne Kennung, die eine Idee hätte, wenn wir sie melden würden … T sei die laufende Nummer der Veröffentlichung.

H: Ha. Also doch Patente!

Mi: Nein, ja; Oh Gott. Ich meine, wenn es als Patent angemeldet würde. Werden würde. Würde werden. Wie auch immer.

H: Die LABOR-Finne!

Mi: LABFin, ja.

H: Ich hab mir das angeschaut. Aus nicht-technischer Sicht ziemlich gut. So, nun mal raus mit der Sprache. Patent, ja oder nein.

Mi: LABFin ist nur so eine Art Kommunikationsplattform..

H: … die man einfach mal so verbrennt.. Mann, Micha.

Mi: Ein Bühne für Dialoge, die vollkommen selbstverständlich ist, wie sie ist. Ein Vehikel, das was macht.

H: Das sagst Du immer. Vehikel.

Mi: Vielleicht finden sich ja andere Forscher, die nicht bei Null anfangen wollen. Die sagen dann: „Oh, toll. Wir können unsere Messwerte vergleichen mit den

---

[4] Fürst Pjotr Alexejewitsch Kropotkin (1842-1921) Aufgrund seiner adeligen Herkunft und seiner Bekanntheit als Anarchist des späten 19. und frühen 20. Jahrhunderts wurde Kropotkin auch *der anarchistische Fürst* genannt. https://de.wikipedia.org/wiki/Pjotr_Alexejewitsch_Kropotkin

in der Transactions gefundenen Berechnungsdaten. Die Profile, den Auftriebskoeffizienten, das Leistungsvermögen der Finnen.

H: Du glaubst also doch, irgend Jemand interessiert sich dafür, dass Ihr Surfboardfinnen entwickelt? Hier im Wedding. Am Zeppelinplatz. Pardon. Am LED Zeppelin. *Schließt die Augen, macht eine Luftgitarre.* Page, nicht Degenhard.

MI: Ja, nein. *Schraubt entnervt den Füller auseinander. Die Tinte ist alle.* Das ist genau das Problem. H. , was soll das? Natürlich wurden wir dann irgendwie Experten in Sachen „Leit- und Steuertragflächen für kleine Seefahrzeuge". Ich weiß inzwischen eine ganze Menge darüber. Mehr als andere. Irgendwo hatte ich immer noch Tintenpatronen im Vorrat. Ob Du willst oder nicht, ob Du es vorhast oder nur zwangsläufig, du schiebst nach und nach Wissen zusammen, das nützlich sein könnte.

H: Wahrscheinlich bei deinen Buntstiften. *Gähnt erneut. Und fährt gespielt gelangweilt fort:* Aber ganz schön clever: „Leit- und Steuertragflächen für kleine Seefahrzeuge". Für Irgendwas muss das doch gut sein? Was du hier Tag für Tag machst. Und nachts.

Mi: Ist es aber eben nicht. Ich tue gut daran, nicht laut über diese Forschung zu reden. In unserem Hause. Wir sollen doch „Stadt der Zukunft" machen. Alle anderen Veröffentlichungen haben derzeit keinen Wert. Verkaufe mal Surfboardfinnen als Stadt der Zukunft. Deshalb geht es ja zum LED Zeppelin. Gehen WIR runter zum Zeppelinplatz. Übrigens, gut dort. Jetzt.

H: Aber bei MULAB hat es auch funktioniert. Forschung statt Zukunft. Dann geh mal schön alleine deine Patente verbrennen… Finnen. Deine geliebten Surfboardfinnen.

Mi: … dont make me loo-oose ..

H: .. keinen fatalistischen Blues jetzt. Die LABORFINNE. *Plötzlich hellwach.* Weiter, Micha.

Mi: Walzerblues. LABFin, ja.

H: ok.

Mi: Wir sind doch nur Theoretiker…

H: :):

Mi: Keinen Menschen interessiert hier, was wir machen -

H: .. was DU machst!

Mi: Ja, verdammt, ich. Was ICH mache.

H: weiter!

Mi: Ich muss mit ansehen, wie ein Projekt stirbt. CARPO ist eigentlich der Hammer. Wir entwickeln Surfboardfinnen. Nach dem Vorbild der Delfin-Hände. Das ist so unglaublich. Neuseeland, Barrier Riff. Hawaii. Coco Ho.

H: Coco, was?

Mi: Ho. Die Tochter von Mikel Ho. Ein Surf-Girl. In der Szene der Knaller.

H: verstehe.

Mi: Keiner will wissen, wie diese Dinger wirklich funktionieren. Wir forschen im eigenen Saft. Und niemand ist wirklich daran interessiert.

H: Nur Du!

Mi: Surfboardfinnen sind das Unglaublichste, was ich je erforscht habe!

H: Aha. So im Labor, meinst Du.

... und plötzlich bist Du Experte. Für das Surfen. Eigentlich wartet die Welt auf Dich! Und auf Deine Finnen.

Mi: so in etwa.

H: Ich erinnere mich an Sankt-Peter-Ording. Du auf einem Surfbrett. Es war so peinlich.

Mi: Aber ich habe mir dann dessen anlässlich einen eigenen Surfanzug gekauft. Surfen ist eine Lebenseinstellung. Kein Sport. Egal, wie hoch die persönliche Performance ...

H: In diesem Ding siehst Du aus wie eine Leberwurst.

Mi: stimmt.

H: und bei der kleinsten Welle… platsch!

Mi: Genau, es geht nämlich um das Wellensurfen. Nicht ums Windsurfen.

H: … oh, super. Wenn Du nicht mal ein Segel hast, um Dich dran festzuhalten…

Mi: Wie auch immer. Es gibt so gut wie keine Forschung auf dem Gebiet der Surfboardfinnen.

H: Und Du bist jetzt der Fidel Castro der Surfboardfinnen. Der Rvoluzzzer.

Mi: Das ist jetzt pietätlos.

H: stimmt. Aber Du bist keinen falls ein Finnen-Guru und auch kein Guerilla-Surfer. Micha, wach auf. Und außerdem ...

Mi: ja?

H: das Ding da am Anfang.

Mi: ja?

H: Es reimt sich gar nicht. Deine Pi-Pi-Lyrik: Komm, wir gehen Patente verbrennen im Park …. Das ist, … na, ja, Bullshit.

Mi: ok. Kein Jambus.

H: kein Jambus! Ja. Du solltest diese „Serie" einstellen. T-SI- bla. Vergiss es, Micha!!

Mi: Es ist … Es ist aber irgendwie wichtig. Du glaubst es mir nur nicht. *Die Tastatur klappert.* Nicht mal Du! *Datei after Datei.* Da war so ein Ding?

H: Doch.

Mi: .. wenn ich jetzt jung wäre… Mist, wo ist es nur?

H: ein alter Mann…

Mi: … wenn ich noch einmal SO jung wäre wie..

H: .. wie das CoCo-Girl …

Mi: *Endlich hat er die Datei gefunden, nach der er auf dem Laptop kramt.* Dann würden wir beide Surfen. Du und ich. Am anderen Ende der Welt. Wir hätten die erste Finne, die die Idee eines Manövers erkennt, sich intelligent verformt und dieses Manöver selbstständig ausführt. Unsere Finnen wären kleiner, schneller, effizienter. Lenkbar wie ein Skate-Board. Pfeilschnell.
Ich hätte SOO ein Pfund unter meinen Füßen. *Breitet die Arme aus.* Und gerade Du, der Draußen-Mensch. Auf diese Bretter würdest Du abfahren. Oder: Was würdest Du dann an meiner Stelle machen? Lurchi[5]? Mit diesen Möglichkeiten!, Guck mal.

H: … Was ist das denn? *H. reißt sich die Brille von der Nase.*

---

[5] Micha arbeitet heimlich an einem letzten, großen Werk: „Mein Leben mit Lurchi", wovon H. nichts ahnt. Natürlich nicht. Für Unkundige: http://www.lurchi.de/lurchi/lurchi-hefte.html Was für ein aufregendes Leben! Lurchis Abenteuer wurden bisher in 156 Heften aufgeschrieben und gezeichnet.

Micha, das darf nicht wahr sein. DAS ist der SuperGau. Das Ende jeder Beziehung. Für Alles. Sag, dass dieses Foto nur eine Montage ist.

Skaten plus Surfen im Schnuffu-Land und das ultimative Ende aller IRON-Men[6].

Inzwischen hat das neue Jahr begonnen. Es ist spät geworden im Arbeitswohnzimmer. Das Schnuffu-Karnickel ist schon sein etlichen Jahren tot. Aber kein Mitbewohner hat es bislang gewagt, die „Warnung vor dem Hasen" abzuhängen. Ich glaube, es war der Tapetenkleber, der ihn dahingerafft hat. Bevor es mit ihm zu Ende ging, bereicherte sich der Tierarzt göttlich. Ich erwähne das an dieser Stelle nur, weil das Patenteverbrennen ja auch Armutsursachen hat. Wenigstens ist der ONKO jetzt durch den TÜV gekommen. Ich rechne kurz durch: 4 Gebrauchsmusteranmeldegebühren hat mich das gekostet. Wenn man die Prüfung und Recherche mitzählt, sonst 14 mal Anmeldegebühr. Im analogen Verfahren. Ohne ih-Banking. Egal. Unter meinen Füßen dampft meine Wärmflasche. Das ist wunderbar angenehm. Auch weil die Balkontür irgendwie undicht ist. Bei wahrscheinlich minus zehn Grad. H. schaut herein. Liest mir über die Schulter.

H: Das Brennen geht weiter!
Mi: Ja.
H: Ich dachte, Du kommst 2017 mal zur Besinnung.
       Aber das Gegenteil ist der Fall. Jetzt produzierst Du Deine Patente gleich für den Led Zeppelin. Sagtest Du nicht, Du hättest Dein Schmusi-Board erst am Samstag zusammengeschrieben?

---

[6] Bügeln: To do the IRONING. Only for Iron-Men. Siehe außerdem: Extrembügeln ist eine ausschließlich im Freien ausgetragene Extremsportart mit dem Ziel, selbst unter anspruchsvollsten klimatischen, geographischen und körperlichen Bedingungen mittels eines heißen Bügeleisens und eines Bügelbretts Wäsche zu bügeln. https://de.wikipedia.org/wiki/Extrembügeln

Mi: COSY. Es heißt Cosy-Board.

H: Wir haben auch einen Schredder, Micha. Geerbt. Das geht schneller.
Lass mal sehen.
„finnenloses Surfboard für das Wellenreiten, dadurch gekennzeichnet,
dass dessen der Wasseroberfläche zugewandte Seite
-       wo sind Deine Kommas, Micha ?? - …. mit Polstoff bewehrt ist, und so
weiter.. bla, bla, blubb.
Klingt ja sehr interessant! Und Du willst es ernsthaft Schmusi-Board nennen?

MI: COSY und Kommata. Cosy-Board. An sich und an Surfboards ergeben
Polstoffe absolut Sinn….
Oder auch nicht. Gleichwohl wohnst Du der Verbrennung bei. Digital.

H: Coco rides COSY-boards. Ich sehe ihn richtig vor mir auftauchen, den süßen,
kleinen COSY-Po ..
Verdreht die Auge, Verschränkt die Arme. Irgendwie mag sie Coco Ho nicht.
Mann. Das ist doch keine Wissenschaft. Ich nehme mir auch extra frei für den
Zeppelin. Jetzt mach Schluss für heute.

Mi: nein, ja, .. versteh doch: Hätte ich das Vorhaben „Bieberboard" oder „Biber
ohne E – sein Board" oder „vom Schnabeltier verweht" nennen sollen?

H: Martenstein hätte es „dem Biebricher sein Brett " genannt. Wann ist
eigentlich dieses Jahr Karneval? …

Mi: Fassenacht. Martenstein schreibt auch nicht immer Besseres. Aber
wenigstens nicht für den Müll; stimmt. Der lebt sogar davon.

*Fährt das Betriebssystem runter. Klappt schon mal den Rechner zu. Findet
noch einen Schluck Kaffee im Pot. Ist sichtlich guter Dinge und kein wenig
müde. Was jetzt irgendwie unpassend ist. Ausladende Geste. Große Rede.*

Weißt Du noch? Genau vor einem Jahr war das. In der Fassenacht-Abteilung
haben w r dann endlich den guten Plüsch bekommen. Für die Finnen. Die
Finnen. Die doofe Verkäuferin. Hielt uns doch tatsächlich für verrückt. Ich
warte doch extra auf Fassenacht. Damals hast Du mitgezogen. Huch, wo bist
Du denn? Aber ja, Du hast schon Recht. Es reicht für heute. „Dem Biebricher
sein Brett ". Eine guter Titel für eine gute Gutenachtgeschichte. Wie hieß das
ursprünglich noch? NUTRIA ist kein Brotaufstrich? Offenbar war Ich schon
immer so bekloppt. Das muss ja unerträglich für Dich sein.

*Die Erkenntnis läuft ins Leere. H. ist schon weg. Ich rede mit dem Spiegelbild
in der Balkontür. Und: Ich glaube, nein ich weiß jetzt, meine Umnachtung hat
viel früher eingesetzt. Sehr viel früher. Na, und? Wenn es immer so lustig
abläuft wie jetzt gerade, ist es doch OK, oder? … kein Brotaufstrich? Er gibt
mir Recht und lacht sich tot. Der dicke Däne. Halt. Die Wärmflasche
mitnehmen. Licht ausmachen. Ach, auf dem Balkon.*

Der europäische Biber (*Castor fiber*) hat eine spindelförmige Körperkontur mit einer
Körperlänge von bis zu 1.4 [m]. Das Tier kann bis zu 20 Jahre alt werden. Sein
Schwanz (Kelle) ist unbehaart, von einer lederartigen Haut bedeckt und abgeplattet;
vermutlich extrem widerstandsarm. Die direkte Beobachtung und Anschauung von
Bibern ist theoretisch gegeben, erste qualitative Aussagen möglich. Der Berliner Zoo

ist wunderschön und eigentlich immer sein Eintrittsgeld wert. Auch ohne Knut. Aber gerade das Bibergehege ist grottig. Selbst als bescheidener Mensch und geduldiger Beobachter lerne ich hier nichts über das Schwimmen der Biber. In freier Wildbahn gibt es in Berlin immerhin Biberratten (*Myocastor coypus, auch Nutria genannt, Coypu oder Wasserratte*). Diese sind mit einer maximalen Körperlänge L< 1.1[m] ein ganzes Stück kleiner als die (europäischen) Biber. Der Rehbergepark ist keine fünf Fahrradminuten vom Labor entfernt und immer menschenleer, warum auch immer. In einem versumpften kleinen Teich hausen sie, die Wasserratten. Inzwischen wissen wir, dass uns der „Biber für Arme", nicht weiterhelfen kann.

Die Frage betraf den Schweif. Viele Wirbeltiere, die im Wasser Leben schwimmen mit eleganter Ganzkörperbewegung voran. Schlanke Schwimmer wie etwa der Aal führen eine Schlängelbewegung aus, wobei die Wellenlänge der Bewegung erheblich kürzer ist, als die Rumpflänge. Aale besitzen deshalb keine Schanzflosse. Fische und wasserlebende Säugetiere führen ebenfalls eine (Ganzkörper-) Schlängelbewegung aus. Die Wellenlänge der Körperbewegung ist größer als die Körperlänge; deshalb ist die Schwanzflosse erforderlich. Bei Robben (Pinnipedia), Seehunden (Phoca vitulina) und anderen zum Wasserleben übergegangenen Raubtieren ist der Schwimmstil eine komplexe Mischform aus (Ganzkörper-) Schlängelbewegung und Paddelantrieb. Bei anderen Lebensformen ist der Schweif funktional in den Bewegungsprozess eingebunden. Der Biber benutzt seine Kelle (Schweif) weniger als Antrieb; eher zum Manövrieren bei der Arbeit. Hier dient die horizontal stark abgeplattete Kelle hauptsächlich als Tiefenruder beim Tauchen. Die Oberflächenstruktur ist hochinteressant; statt mit Fell ist die Kelle mit hornigen Hautschuppen besetzt. Außerdem funktioniert die gefäßreiche Konstruktion als Wärmetauscher um überschüssige Wärme an die Umgebung abzugeben. Auf der Flucht vor Angereifern und Feinden arbeitet die Kelle als Startbeschleuniger. Bei Gefahr warnt der Biber seine Artgenossen mit einem „Signalschlag" der Kelle auf die Wasseroberfläche und verschwindet blitzschnell.

Aber betrachten wir noch einen Moment das Halbtauchen der Biber. Der Schweif leiste im Nachlauf des Rumpfes keinen Beitrag zum Voranschwimmen. Eine vertikale Wellenbewegung der Kelle schließen wir vielleicht an dieser Stelle zunächst mal aus dem idealisierten Bewegungsmodell aus. Dennoch gibt es an einem Fluidsystem Gestaltungsparameter, die passiv die Qualität des Voranschwimmens beeinflussen. Der Formwiderstand, der Reibungswiderstand und bei Halbtauchern (und sogar bei knapp unter der Wasseroberfläche tauchenden Schwimmern) der Wellenwiderstand. Neben der Geometrie kommt der Relativgeschwindigkeit Bedeutung zu. Geht in Form- und Reibungswiderstand die Geschwindigkeit quadratisch ein, beeinflusst sie den Wellenwiderstand in der dritten Potenz. Gleichzeitig vergrößert sich die den Reibungswiderstand bestimmende benetzte Fläche des Strömungskörpers linear mit seiner Länge. Auf die Froudezahl jedoch - und damit auf den Wellenwiderstand- wirkt die Länge der Wasserlinie des halbgetauchten Strömungskörpers proportional in der Wurzel im Nenner vorteilhaft. Länge läuft, heißt es so schön unter den Seefahrern.

Außerdem sollte sich später herausstellen, dass auch der Biber als Ganzes weder ein gut untersuchtes fluidmechanisches System ist, noch sich jemand für sein Halbtauchen interessiert. Sein Halbtauchen, was für ein Wort. Ich finde kein publiziertes Wissen über das Schwimmen der Biberartigen, was ich hier an dieser Stelle bedauern möchte, noch vermute ich, dass der Beitrag, den wir - mit

Hausmitteln - zu leisten in der Lage sind, wirklich von Bedeutung ist. Ohne Schweif schwimmen zu gehen ist – das ahnen wir bereits jetzt – für einen Biber einfach keine Option. Und vermutlich wird es nicht ganz trivial, solch einem Halbtaucher in freier Wildbahn beim Halbtauchen zuzusehen.

Biebrich. Lange bevor der Herzog von Nassau später hier ein wunderschönes barockes Schloss baute und lange bevor sich die Biebricher im frühen Mittelalter auf das Handwerk der Strandräuberei kaprizierten, siedelten dort ihre Namensgeber und jetzigen Stadtwappentiere aus einer offenbar sehr ähnlichen Erfahrung heraus. Hier, wo der Fluss mal reißend mal träger aber immer von majestätischer Präsenz einen Richtungswechsel von neunzig Winkelgraden vollströmt, ließ sich hervorragend vom Strand sammeln, was Trägheit und Masse Tribut zollend, der Kurve des Stromes nicht folgen will. War es in grauer Vorzeit Gestrüpp und Geäst, das von den braven Baumeisterbibern zu Dämmen verflochten, die vielen einmündenden Bäche und Flüsslein, die vom hohen Taunus ins Tal fließen, in Seen und wohnliche Burgen verwandelte, mussten die Ureinwohner dieser sonnenverwöhnten Rieslinglage schon mal stromaufwärts fahren und ein wenig dem Schicksal nachhelfen, sodass der unschuldige Strom die vom Schiff gefallenen, von Bord gestoßenen oder durch Schiffbruch auf andere Weise in den Fluss gelangten Fässer und Kisten und Truhen und sogar Weiber einstweilen, an den Biebricher Strand tragen konnte. Leichte Beute also nach solider Vorarbeit flussaufwärts.

Später dann hielt auch hier der Landesherr seinen Beutel auf, an dieser ach so günstigen Stelle. Vom Flusspiraten zum Schultheiß ist es vielleicht doch nicht ein so großer Schritt. Noch heute das alte Zollhaus direkt am Fluss.

Was sie mit den Bibern gemacht haben? *„ei die sinn' halt lang fort, gell. Vielleischt uffgegesse' …!"* Von Räubern, Piraten, Halunken und anderen Barbaren abzustammen ist für den gewöhnlichen Biebricher gewiss eine Bürde, aber er trägt es Humor und Gesang. Hier in Biebrich, am Tor zum wunderschönen Rheingau entstanden übrigens auch Wagners Meistersänger.

Und: Als Julius Cäsar 54 v. Chr. im Gallischen Krieg dort, wo der Fluss den harschen Knick macht, über den Rhein setzte, stieß er auf den Widerstand des germanischen Volksstamms der Ubier. Das mag gegebenenfalls ein anderer Ursprung des Namens Biebrich sein. Dennoch ist seit 1636 ein aus dem Wasser steigender Bieber (ursprünglich mit einem Fisch im Maul, später mit dem Schlüssel der Stadt) das Wappentier[7].

Wie auch immer. Als greife der lange Arm der Gerechtigkeit aus der piratösen Vergangenheit bis in die Gegenwart hinein, so liegt ein Fluch auf dem Knick im Fluss: Nicht Fässer treiben an, nicht Habe, auch Weiber nicht; heute klagt der gemeine Biebricher über den Müll, der infolge der Knielage und stinkend am sonnigen Kiessteinstrand angeschwemmt wird.

Mi: Nennen wir sie COSY-Finnen und verbrennen sie gleich mit.

---

[7] Graphik des Stadtwappens entnommen aus: http://de.wikipedia.org/wiki/Wiesbaden-Biebrich